BEI GRIN MACHT SICH IHR WISSEN BEZAHLT

- Wir veröffentlichen Ihre Hausarbeit, Bachelor- und Masterarbeit

- Ihr eigenes eBook und Buch - weltweit in allen wichtigen Shops

- Verdienen Sie an jedem Verkauf

Jetzt bei www.GRIN.com hochladen und kostenlos publizieren

Bibliografische Information der Deutschen Nationalbibliothek:

Die Deutsche Bibliothek verzeichnet diese Publikation in der Deutschen National-
bibliografie; detaillierte bibliografische Daten sind im Internet über http://dnb.d-
nb.de/ abrufbar.

Impressum:

Copyright © 2018 GRIN Verlag
Druck und Bindung: Books on Demand GmbH, Norderstedt Germany
ISBN: 9783668956711

Robin Barth

Higgsmechanismus, Higgsboson und Vucuumdecay

GRIN Verlag

Gymnasium Feuchtwangen
Dr.-Hans-Güthlein-Weg 10
91555 Feuchtwangen

Abiturjahrgang
2019

S E M I N A R A R B E I T

Leitfach: *Physik*
Rahmenthema des wissenschaftspropädeutischen Seminars:
Faszination Teilchenphysik

Thema der Arbeit:

Higgs

6. November 2018

Inhaltsverzeichnis

1. <u>Rückblick auf altgriechische Philosophie</u>

Schon im antiken Griechenland suchte man seit jeher nach dem „Urstoff" der Welt; die Substanz, auf die alles, ob nun Wasser, Natur, Erde, Tiere und auch Menschen, gründet. Aufgrund fehlenden technischen Fortschritts waren die Naturphilosophen gezwungen, sich allein auf ihre Beobachtungen und ihre Geisteskraft zu verlassen. Einige von ihnen kamen dem heutigen Stand der Wissenschaft erstaunlich nahe: So ersann sich Demokrit das Konzept der *átomos*, Teilchen, die unfassbar klein und selbst nicht mehr teilbar sind. Von diesen leitet sich das Wort Atom ab[1], welches den meisten Menschen ein Begriff sein sollte.

Doch mit der sokratischen Wende gingen die Philosophen dazu über, sich nicht mehr die Natur, sondern die Beschaffenheit des menschlichen Geistes, die Moral und auch die Wahrheit zu ergründen. Einer der Schüler Sokrates', Platon, entwickelte mit seinem berühmten Höhlengleichnis ein Konzept von Scheinwahrheiten und tatsächlicher Wahrheit; die Welt wird nur durch unsere beschränkten Sinne und Geisteskräfte wahrgenommen, doch die eigentliche Welt liegt hinter alldem, hinter dem Schleier unserer Wahrnehmung[2]. Paradoxerweise ist genau diese Ansicht, es gäbe noch etwas hinter dem, was wir sehen, einer der wichtigsten Ideen, der man der Suche nach den Teilchen auf den Weg mitgeben konnte, und sie entspricht stark einem heutigen Konzept: **Felder**.

2. <u>Geschichte der Feldtheorien bis hin zum Standardmodell</u>

Um bis auf den heutigen Stand der Entwicklung zu kommen, hatte die moderne Elementarteilchenphysik einen langen Werdegang zu beschreiten. Als einen der bedeutendsten Schritte werden die Ideen des schottischen Physikers J.C. Maxwell im 19. Jahrhundert gewertet[3].

2.1. <u>Maxwell</u>

Bis James Clerk Maxwell die Bühne der Physik betrat, waren die bekannten Phänomene der Natur namens Elektrizität und Magnetismus zumindest in der theoretischen Physik noch vollkommen voneinander getrennt. Als jedoch nach

---

[1] Vgl. Rudolph 2017
[2] vgl. o.V. (a) ohne Erscheinungsdatum
[3] vgl. Gaßner 2014, 00:02:06-00:03:04

Experimenten immer deutlicher wurde, dass eines der beiden Phänomene auch das jeweils andere hervorrufen konnte (Induktion von Strom durch Magnetfelder, Erzeugung von Magnetfeldern um stromdurchflossene Leiter), wurde mit der Zeit immer deutlicher, dass die beiden Phänomene in Verbindung stehen müssen. In seinen 1855 und 1856 erschienenen Arbeiten beschreibt Maxwell den sogenannten **Elektromagnetismus**. In ihm stellen sich Magnetismus und Elektrizität als zwei Seiten derselben Medaille dar. Der Elektromagnetismus ist eine Wechselwirkung, die zwischen elektrisch geladenen Objekten besteht und über ein elektromagnetisches Feld vermittelt wird. Information und Energie werden in dieser Feldtheorie von Wellen übermittelt, von da an auch als elektromagnetische Wellen bekannt. Berechnungen über die Ausbreitungsgeschwindigkeit der Wellen ergaben, dass sie sich mit Lichtgeschwindigkeit im Raum bewegen. Damit konnte das zuvor bereits bekannte masselose Photon als „Austauschteilchen" jener neuartigen Wechselwirkung identifiziert werden[4].

Die von der Theorie ausgehenden mathematischen Beschreibungen, die Maxwell-Gleichungen, konnten über die Jahre hinweg immer weiter komprimiert[5] und an neue Entdeckungen angepasst, jedoch nie widerlegt werden: Maxwells Feldtheorie wurde im Zuge der zweiten Quantisierung in der Physik zu einer quantisierten Feldtheorie weiterentwickelt. Ebenso überstand die Theorie die Miteinbeziehung der Speziellen Relativitätstheorie; sie brachte eine relativistische Quantenfeldtheorie[6], die sogenannte **Quantenelektrodynamik** (QED), hervor, welche sich bis heute bewährt hat[7].

2.2. <u>Vereinigung von QED, QCD und schwacher Wechselwirkung</u>

Die Weiterentwicklung der Maxwellschen Theorie hatte jedoch noch nicht sein Ende gefunden. Die auf den von Wolfgang Pauli im Jahre 1930 beschriebenen Neutronenzerfall in Proton, Elektron und Anti-Neutrino[8] folgende Entwicklung des Konzepts der schwachen Wechselwirkung stellte einen erneuten Anreiz für eine Vereinheitlichung bisher getrennter Theorien dar, da bei beiden Theorien, Quantenelektrodynamik und schwacher Wechselwirkung, Austauschteilchen

---

[4] vgl. Freistetter 2015
[5] vgl. Gaßner 2014, 00:04:49-00:05:00
[6] vgl. Gaßner 2014, 00:03:35-00:05:33
[7] vgl. Berger 2014, S. 181
[8] vgl. Greiner, Müller 1995, S. 6

auftreten, die formal ähnlich behandelt werden können. Sheldon Glashow, Steven Weinberg und Abdus Salam postulierten daraufhin in den 1960er Jahren die **elektroschwache Wechselwirkung**, 1979 erhielten sie dafür den Nobelpreis in Physik[9]. Diese vereinheitlichte Theorie ergab jedoch zuerst noch einige Probleme (vgl. 2.3.). Zusammen mit der kompatiblen Quantenchromodynamik (QCD), welche die starke Wechselwirkung beschreibt, bildet sie das heute gängige **Standardmodell der Elementarteilchenphysik**[10]. Die Vorhersagen dieser Theorie waren hochpräzise und wurden experimentell bestätigt[11].

2.3. <u>Problemvorhersagen des Standardmodells</u>

Trotz all der Erfolge, die die neue Theorie vorzuweisen hat, ergeben sich bei der Betrachtung realer Messergebnisse neue Unstimmigkeiten:

2.3.1. <u>Chiralität</u>

Teilchen besitzen eine Eigenschaft, die als Chiralität bezeichnet wird. Sie beschreibt in etwa, wie Teilchen mit einer bestimmten Drehrichtung wechselwirken[12]. So zeigt sich nach Versuchen, dass betastrahlende Cobaltkerne Elektronen bevorzugt nur in eine Achsrichtung emittieren, sie sind „linkshändig", wohingegen die dazugehörigen Anti-Neutrinos in die Gegenrichtung ausgesandt werden, jene sind „rechtshändig"[13]. Wie sich später herausstellte, wechselwirken tatsächlich ausschließlich die rechtshändigen Anti-Neutrinos und die linkshändigen Neutrinos schwach, für die jeweils anderen Arten von Teilchen sind keine Wechselwirkungen bekannt. Diese Ungleichbehandlung unterschiedlicher Drehrichtungen wird als Verletzung der Paritätsinvarianz bezeichnet[14].

Diese Verletzung der Symmetrie zweier sonst identischer Teilchen führt zu der Annahme, dass rechtshändige Teilchen im Gegensatz zu den linkshändigen keinen Isospin, d.h. keine „schwache Ladung" tragen. Um jenes Problem zu beheben, wurde eine Art „Notlösung" in die Theorie eingebaut: Linkshändige Fermionen und rechtshändige Anti-Fermionen werden in sogenannte Dupletts (zwei in einer Gruppe), rechtshändige Fermionen und linkshändige Anti-Fermionen

---

[9] vgl. o.V. (b) 1979
[10] vgl. Berger 2014, S. 411
[11] vgl. Gaßner 2014, 00:18:02-00:19:02
[12] vgl. Berger 2014, S. 193
[13] vgl. Berger 2014, S. 141 i.V.m. Berger 2014, S. 192f
[14] vgl. Berger 2014, S. 141

dagegen in Singuletts (jedes in einer eigenen Gruppe) eingewiesen. Letztere können nicht über Eichtransformationen in andere Teilchen umgewandelt werden, was praktisch bedeutet, dass sie nicht schwach wechselwirken[15].

2.3.2. Masse der Vektorbosonen W^+, W^- und Z^0

Die Terme, die die Eigenschaften der Vektorbosonen beschreiben, sollten eichinvariant sein, d.h. nach Eichtransformationen (= Wechselwirkungen) noch dieselben Werte liefern, da sonst Erhaltungssätze, wie etwa die Erhaltung der Farb-, Hyper- oder elektrischen Ladung, gebrochen würden[16]. Jedoch leitet sich aus der Theorie her, dass Massenterme in jenen Termen eingebaut sein müssen und die Eichinvarianz für Teilchen mit Massen größer Null nicht mehr gegeben ist. Dies lässt sich damit erklären, dass der Ursprung der Quantenfeldtheorien bis auf Maxwells recht einfaches Modell mit elektrischer Ladung und masselosen Photonen als Austauschteilchen zurückgeht. Davon hat man auf theoretischer Basis das Standardmodell mit zusätzlichen Ladungen und Austauschteilchen abgeleitet. Wie sich jedoch herausstellte, haben die Vektorbosonen der schwachen Wechselwirkung eine nicht insignifikante Masse. Diese Tatsache zusammen mit der gebrochenen Eichinvarianz lässt schließen, dass jene Vektorbosonen selbst nicht als Austauschteilchen fungieren, beziehungsweise selbst grundsätzlich nicht schwach wechselwirken könnten. Somit widerspricht die Theorie den Wechselwirkungen der massiven Vektorbosonen W^+, W^- und Z^0 [17].

2.3.3. Masse der Fermionen

Die linkshändigen Fermionen des Standardmodells sind in sogenannte Dupletts eingeteilt. Nach einer Eichtransformation werden diese mathematischen Platzhalter in manchen Eigenschaften verändert und somit in das komplementäre Teilchen umgewandelt (z. B. $e^- \rightarrow v_e$) (eigentlich wird das Feld des Teilchens in das Feld des Komplementärteilchens umgewandelt, doch der Verständlichkeit wegen, wird dies hier vereinfacht)[18]. Diese Transformationen betreffen aber nicht die in den zugrundeliegenden Theorien außer Acht gelassene Masse, sodass nach einer Wechselwirkung das komplementäre Teilchen mit der Masse des Ausgangsteilchens vorliegen würde. Betrachten wir hierzu den sogenannten Elektroneneinfang von ^{18}F – Kernen: Ein ^{18}F – Kern tritt mit einem Elektron in

---

[15] vgl. Geiser 2009, Foliensatz 08; Folien 10-19 u. Ebert 1989, S. 116f
[16] vgl. Geiser 2009, Foliensatz 04; Folien 6-8
[17] vgl. Geiser 2009, Foliensatz 08; Folie 9
[18] vgl. Geiser 2009, Foliensatz 10; Folie 21 i.V.m. Geiser 2009, Foliensatz 04; Folien 6-8

Wechselwirkung; der resultierende ^{18}O – Kern emittiert ein Neutrino. Im Detail wird ein Up-Quark eines Protons des Flourkerns durch Aufnahme eines W^- – Bosons in ein Down-Quark eines Neutrons des Sauerstoffkerns, ein Elektron hingegen durch Abgabe eines W^- – Bosons in ein Neutrino überführt[19]. Nach den Vorhersagen des Standardmodells müssten die komplementären Paare Up-Quark/Down-Quark und Elektron/Neutrino nach der Wechselwirkung zwar mit veränderten Ladungen, nicht aber mit veränderter Masse vorliegen. Da nun aber bekanntermaßen Elektron und Neutrino (bzw. Positron und Anti-Neutrino) nicht dieselben Massen besitzen, müssten die Teilchen in Singuletts eingeteilt werden, sodass sie als getrennt betrachtet werden können. Teilchen in Singuletts können jedoch durch Eichtransformationen nicht ineinander überführt werden. Jene Problematik führt zu einem Entscheidungsparadoxon zwischen beobachtetem wechselwirkendem Verhalten und theoretischer Miteinbeziehung von Massen. Daraus folgt, dass die Massendifferenz zwischen Neutrino und Elektron grundsätzlich dem jungen Standardmodell widerspricht[20].

Jene Kernprobleme des Standardmodells widersprechen der Natur und sich selbst auf derartig fundamentale Weise, dass das neue Modell für die Wissenschaft nicht haltbar gewesen wäre. Der grundlegende Widerspruch der Vorhersagen gegen die Massen von Teilchen hätte somit das Ende des Standardmodells bedeutet.

3. Der Higgs-Mechanismus

Um die Errungenschaften des jungen Standardmodells zu erhalten, mussten die auftretenden Probleme „ausgelagert" werden. Dies geschah mit der Entwicklung des Higgs-Mechanismus', der 1964 parallel von drei Forschergruppen erarbeitet wurde: Namentlich von Peter Higgs, von François Englert und Robert Brout und von T. W. B. Kibble, Carl R. Hagen und Gerald Guralnik[21].

3.1. Eine Analogie

Das Higgs-Feld kann sich als ein Raum voller Menschen vorgestellt werden: Dicht gedrängt sind sie in ihre Gespräche verwickelt und bewegen sich nicht vom

---

[19] vgl. o.V. (c) ohne Erscheinungsdatum
[20] vgl. Geiser 2009, Foliensatz 08; Folien 18-19
[21] Krämer, Plehn 2013, S. 24-25

Fleck. Betritt nun aber eine berühmte Persönlichkeit die Örtlichkeit, drängt sich in kürzester Zeit eine Traube von Leuten um die Person. Möchte diese nun zu einem Bekannten am anderen Ende des Raumes, muss sie sich zuerst gegen den Ring aus Menschen drücken, um das Gebilde langsam in Gang zu setzen; dies benötigt Zeit und Energie. Ist sie jedoch in Bewegung, braucht es wiederum Energie, um sie von innen heraus zu bremsen (um Impulserhaltung zu beachten, müsste man dieses Gedankenexperiment ohne einen Boden, von dem man sich abstoßen könnte, durchführen. Dies wird jedoch, der Übersichtlichkeit geschuldet, ignoriert). Die Menschenmenge symbolisiert hierbei das Higgs-Feld, die berühmte Person ein massebehaftetes Teilchen und dessen Berühmtheit die Wechselwirkung mit dem Feld. Der Grad der Berühmtheit kann hierbei als Stärke der Wechselwirkung aufgefasst werden. Jedes Mal, wenn das Teilchen seine Richtung oder Geschwindigkeit verändern will, muss es erst einer Kraft entgegenwirken, der Trägheit. Das allseits bekannte Higgs-Boson stellt in dieser Analogie ein Gerücht dar; jemand flüstert beispielsweise die Vermutung in den Raum, dass gleich eine berühmte Person den Raum betreten wird, doch zum Schutze dieser will derjenige dies nicht zu laut aussprechen. Das Gerücht macht die Runde und wird von Person zu Person weitergegeben. Die Leute drängen sich um die jeweiligen Erzähler doch nur einer in Ausbreitungsrichtung versteht jeweils dessen Inhalt. So pflanzt sich die Traube mit eigener Trägheit um das Gerücht herum fort, ohne dass sich eine berühmte Person dort aufhält. Das Higgs-Boson ist also eine Anregung des Higgs-Feldes und verhält sich analog zu einem normalen Teilchen[22].

3.2. <u>Beschreibung der Idee</u>

Die grundlegende Forderung des Higgs-Mechanismus' besteht darin, die Vorteile der zuvor erarbeiteten, zumeist hochpräzisen Theorie zu behalten, ohne jedoch mit Masse deren Integrität zu zerstören. Hierzu bedient man sich ein weiteres Mal der Einführung eines neuen Quantenfeldes: das Higgs-Feld[23]. Jenes Feld kann ebenso wie die anderen Felder Energiezustände annehmen und mit Teilchen wechselwirken. Der Vorteil des neuen Feldes liegt darin, die Massen der Elementarteilchen nicht als Eigenschaften jener festzulegen, sondern lediglich

---

[22] vgl. o.V. (d)
[23] vgl. Geiser 2009, Foliensatz 08; Folien 19-20

als Grad der Wechselwirkungsstärke mit dem neuen Feld zu beschreiben[24]. So gibt es auf der einen Seite Teilchen, die nicht mit dem Feld in Interaktion treten und folglich als masselos beobachtet und beschrieben werden können und auf der anderen Seite Teilchen, die sich zwar sonst in jeglichen Eigenschaften gleichen, jedoch in der Stärke der Wechselwirkung mit dem Feld unterscheiden und „mehrere Generationen des selben Teilchens", d.h. mit mehreren Masse-/Trägheitsstufen, darstellen (so z.B. Elektron, Myon und Tauon).

Um Eichinvarianz, beziehungsweise Eichsymmetrie, zu erhalten und gleichzeitig den massiven Teilchen ihre Masse zuzugestehen, wird sich einer sogenannten „spontanen Symmetriebrechung" bedient. Das seit dem Urknall bestehende Higgs-Feld nimmt eigene Energiezustände an und die Art der Wechselwirkung mit den Teilchen hängt von jenen ab[25]. Hierzu wird ein Teil des Terms einer Lagrange-Funktion für ein skalares Feld, wie das Higgs-Feld auch eines ist, als Potentialfunktion interpretiert. Diese Funktion ähnelt der Gestalt nach einer nach oben geöffneten Normalparabel. Das Minimum einer jenen Potentialfunktion wird als Vakuumzustand des Higgs-Feldes bezeichnet und stellt einen stabilen, energiearmen Zustand für mit dem Higgs-Feld wechselwirkende Teilchen dar. Diese Potentialfunktion änderte jedoch mit der zunehmenden Abkühlung des Universums kurz nach dem Urknall seine Gestalt, da das Higgs-Feld an Energie verlor. Die sich neu einstellende Potentialfunktion flachte immer weiter ab, bis sie eine neue, w-förmige Gestalt annahm. Jene war zwar weiterhin symmetrisch, hatte jedoch sein Minimum nicht mehr am Ursprung, sondern neue Minima an zwei gleich weit entfernten Positionen. Der Vakuumzustand sieht sich nun gezwungen, in eines der gleichberechtigten Minima hinabzufallen und somit aus seiner Sicht die Symmetrie spontan zu brechen[26]. Diese Zustände mit negativem Potential verursachen eine je nach Teilchen unterschiedlich ausgeprägte Kopplung an das Higgs-Feld und somit die Ruhemassen der Elementarteilchen.

Das Potential des Higgs-Feldes ist jedoch damit noch nicht vollständig beschrieben: Das komplexe skalare Higgs-Feld Φ setzt sich als $SU(2)_L$-Dublett aus den komplex skalaren Feldern Φ^0 und Φ^+ zusammen. Beide bestehen wiederum aus einem realen und einem imaginären Teil, wodurch letztendlich 4 Felder Φ^1, Φ^2, Φ^3 und Φ^4, also 4 sogenannte Higgs-Freiheitsgrade resultieren (siehe Abb. 1).

---

[24] vgl. Lesch und weitere 2013, S.145
[25] vgl. Lesch und weitere 2013, S.145ff
[26] vgl. Gaßner 2014, 00:28:07-00:29:08

Drei dieser Freiheitsgrade werden als Goldstone-Bosonen bezeichnet und verursachen wiederum Spinfreiheitsgrade der Vektorbosonen W^+, W^- und Z^0. Das bedeutet, dass die Teilchen longitudinal,

$$\Phi = \begin{pmatrix} \dfrac{1}{\sqrt{2}}(\Phi^1 - i\Phi^2) \\ \dfrac{1}{\sqrt{2}}(\Phi^3 - i\Phi^4) \end{pmatrix} = \begin{pmatrix} \Phi^+ \\ \Phi^0 \end{pmatrix}$$

Abb. 1   Quelle: Ebert 1989, S. 118 Grafik

bzw. entlang ihrer Bewegungsrichtung schwingen können, was Bewegungen dieser mit Lichtgeschwindigkeit verbietet und somit die Massen dieser vorhersagt. Der vierte Freiheitsgrad postuliert die Anregbarkeit des Higgs-Feldes durch Energiezufuhr, anschaulich als Schwingung des Higgs-Feldes um den Vakuumzustand herum vorstellbar, welche sich als Higgs-Boson äußert[27]. Jene Vorhersage sollte später als Bestätigung der gesamten Theorie dienen.

4. <u>Das Higgs-Boson</u>

Das Higgs-Boson ist entgegen der allgemeinen öffentlichen Meinung nicht als „Gottesteilchen" anzusehen. Zum einen verursacht es selbst nicht die Ruhemasse der Elementarteilchen; dies wird durch das Higgs-Feld bewerkstelligt. Zum anderen hat es keine hervorgehobene Rolle im Standardmodell. Natürlich wäre die Idee des Standardmodells an sich ohne die Existenz des daraus abgeleiteten Higgs-Teilchens grundsätzlich falsch, doch gilt dies ebenso für die übrigen Teilchen des Standardmodells wie das Elektron oder die Quarks[28]. Jedoch gilt dem Higgs-Boson besondere Aufmerksamkeit, da der Higgs-Mechanismus als Lösung auf einige Probleme des jungen Standardmodells entwickelt wurde und das Boson, das zuerst lediglich als Randereignis erschien, später durch seinen Nachweis am LHC das Gesamtkonzept des Standardmodells mit Higgs-Mechanismus bestätigte.

4.1.   <u>Zerfälle des Higgs-Bosons</u>

Nun aber zuerst zu den Grundlagen, die einen Nachweis ermöglichen. Vorausgegangene Experimente am LHC schließen eine Masse von unter 113 GeV aus, daher begrenzte man die Suche auf Zerfälle von Ausgangsteilchen mit Massen

---

[27] vgl. Ebert 1989, S. 118
[28] vgl. Lesch und weitere 2013, S.37f

zwischen 113 GeV und 1000 GeV. Prinzipiell ermöglichen vier Zerfallskanäle des Higgs-Bosons dessen Nachweis mit modernen Detektoren:

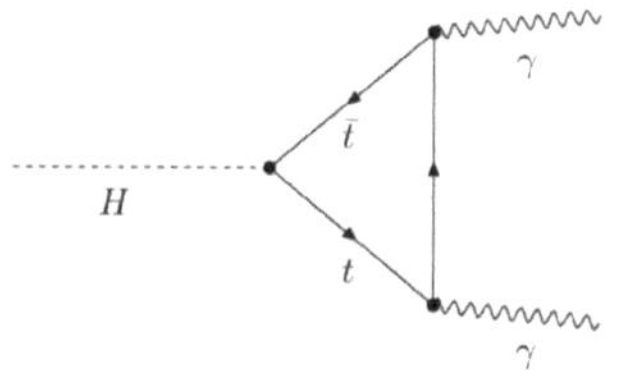

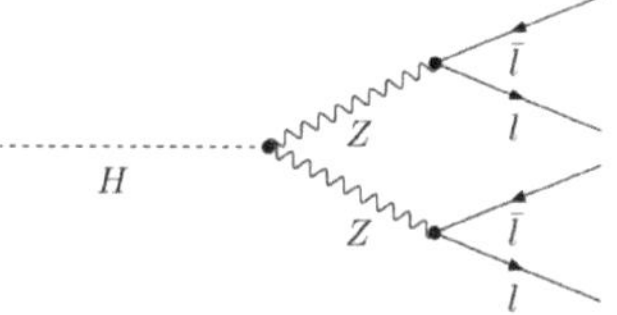

Abb. 2   <u>Quelle:</u> physicsmasterclasses a   **Abb. 3**   <u>Quelle:</u> physicsmasterclasses b

1. Der Zerfall in zwei Photonen (Abb. 2)
2. Der Zerfall in zwei Z^0-Bosonen, die wiederum in jeweils ein Lepton und komplementäres Anti-Lepton zerfallen (Abb. 3)

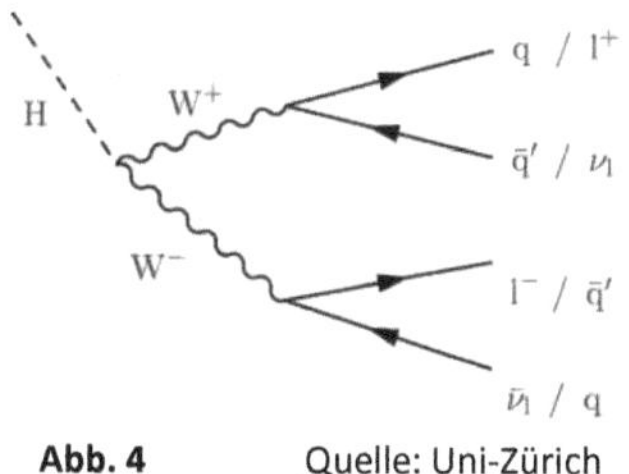

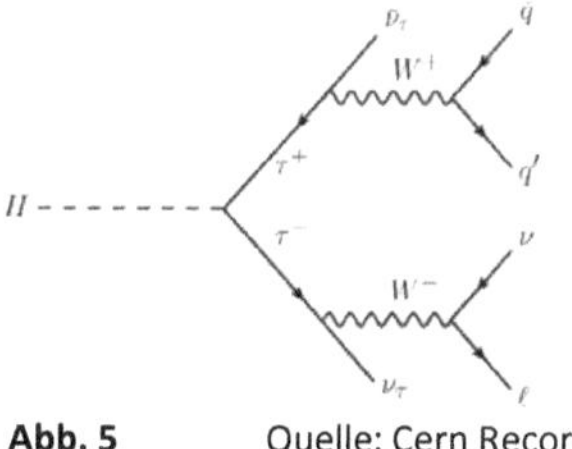

Abb. 4   <u>Quelle:</u> Uni-Zürich   **Abb. 5**   <u>Quelle:</u> Cern Record a

3. Der Zerfall in ein W⁺- und ein W⁻-Boson, die ihrerseits wieder in ein geladenes Lepton bzw. Anti-Lepton und ein Neutrino bzw. Anti-Neutrino zerfallen (Abb. 4)
4. Der Zerfall in ein Bottom- und ein Anti-Bottom-Quark, die ihrerseits in einen Hadronen-Jet zerfallen (Abb. 5)

Letztere beide lassen sich in der experimentellen Physik nur schwer genau messen; von Neutrinos getragene Energien lassen sich aufgrund derer unreaktiven Eigenschaften kaum bestimmen und Hadronen-Jets treten bei einer ganzen Reihe andere Zerfälle auf. Die Zerfälle in Photonen und Leptonenpaare lassen sich jedoch nachweisen. Photonen können in sogenannten Kalorimetern aufgefangen werden und erzeugen je nach ihrer Energie einen elektrischen Strom. Addiert man die Photonenenergien aus demselben Zerfallsvorgang, kann man auf die Ursprungsenergie, bzw. -masse schließen. Leptonenzerfälle können mithilfe von Kalorimetern und Spurenverfolgern nachgewiesen werden. Einige Elektronen und Positronen werden direkt von den Kalorimetern abgefangen und, wie bereits beschrieben, deren Massen bestimmt werden. Andere, wie auch Myonen und Anti-Myonen werden auf ihrer Bahn von Magnetfeldern abgelenkt und bei bekannter Ladung und Magnetfeldstärke kann durch die Stärke der Ablenkung auf deren Geschwindigkeiten und Energien geschlossen werden[29]. Bei der Analyse von Kollisionsexperimenten bei CMS und ATLAS zeigte sich abweichend vom

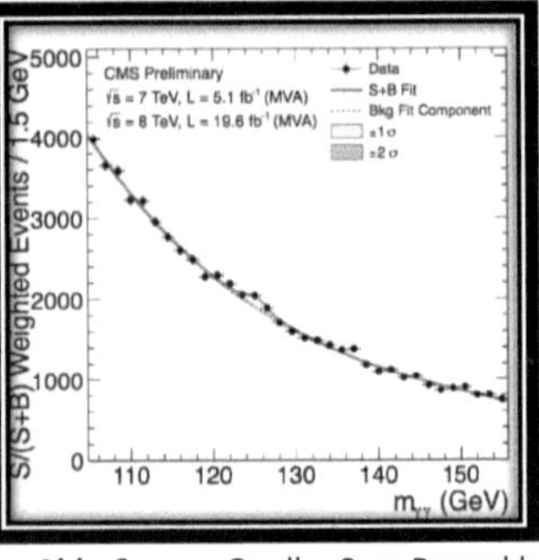

Abb. 6   <u>Quelle:</u> Cern Record b

sonst gleichmäßigen Abfallen der Menge an Teilchen in Richtung größerer Energien eine Anomalie im Bereich von 126 GeV[30]. In diesem Energiebereich liegen, sich von den Erwartungen abgrenzend, mehr Teilchenprodukte vor (siehe Abb. 6). Hier scheint es ein Ausgangsteilchen mit jener Masse zu geben, dessen Zerfallsprodukte sich zu den üblichen Produktteilchen gesellen. Das Higgs-Boson war entdeckt!

4.2. Wissenschaftliche Ehrungen der Pioniere

2010 erhielten die sechs Wissenschaftler, die zeitgleich 1964 den Higgs-Mechanismus erarbeitet hatten, den J.J. Sakurai Preis in theoretischer Physik[31].

Für ihre Leistungen wurden Peter Higgs und François Englert 2013 mit dem Nobelpreis in Physik beehrt. Der 2011 verstorbene Robert Brout erhielt die Ehrung posthum[32]. Da das Teilchen, welches letztendlich zur Bestätigung der Theorie führte, zuerst von Peter Higgs postuliert wurde, wurde jenes und der zugrunde-liegende Mechanismus nach ihm benannt[33].

5. Higgspotential und Vacuumdecay – Ein Ausblick auf die Zukunft des Universums?[34]

Stabilität ist in der Physik ein zentraler Begriff. Er beschreibt, dass ein System einen energiearmen Zustand erreicht hat und nicht bestrebt ist, ihn wieder zu

---

[29] vgl. Lesch und weitere 2013, S.126ff
[30] vgl. Lesch und weitere 2013, S.130 (Grafik)
[31] vgl. o.V. (e) 2010
[32] vgl. Leander, Pollmann 2013
[33] vgl. o.V. (f) 2012 u. Lesch und weitere 2013, S. 22
[34] Das ganze Kapitel bezieht sich auf Rafelski, Müller 2006: S. 2-24 u. 144-157

verlassen, bzw. Energie aufzunehmen. Ein Vakuum beschreibt in der Quantenphysik einen Raum, in dem die an ihm gekoppelten Quantenfelder einen äußerst stabilen Grundzustand erreicht haben. Ein solches Vakuum kann jedoch nach den Gesetzen der Physik trügerisch sein: Tatsächlich könnten Quantenfelder, insbesondere das Higgs-Feld, einen noch niedrigeren Energiezustand, das „wahre Vakuum", erreichen. Jener ist lediglich von den uns bekannten Quantenfeldern mit „falschem Vakuum" nie erreicht worden, da zur Änderung des Quantenfeldes eine Art Aktivierungsenergie, wie bei chemischen Reaktionen bekannt, aufgewendet werden muss. Eine Flasche mit einem Wasserstoff-Sauerstoff-Gemisch an sich entzündet sich nicht ohne Weiteres von selbst. Doch kommt man dummerweise der Flasche mit einem brennenden Streichholz zu nah, wird man schmerzlich Zeuge einer gewaltigen Explosion. Glücklicherweise liegt jene Aktivierungsenergie für Quantenfelder bei einer Vakuumstemperatur, die im bekannten Universum zuletzt wenige Bruchteile einer Sekunde nach dem Urknall von Bestand war. Deshalb wird der Zustand der Quantenfelder als metastabil bezeichnet; der Grundzustand ist zwar noch nicht erreicht, doch ist der Weg dorthin mit den aktuellen Gegebenheiten schlichtweg nicht zu beschreiten.

Doch ein Feuer kann auch auf andere Weise entfacht werden. So wie ein elektrischer Funke, der sich spontan in trockener Luft entladen kann, kann das Quantenfeld ebenfalls die scheinbar unüberwindbare Barriere überschreiten, nämlich durch den Tunneleffekt. So könnte das Feld in einem verschwindend winzigen Teil spontan und ohne weiteres Zutun einen Zustand erreichen, der bereits hinter jener Potentialbarriere liegt, und nun ungehindert in den neuen stabilen Grundzustand hinabfallen (ein analoger Effekt ist auch bei der Kernfusion in der Sonne zu beobachten). Die dabei freigesetzte Energie würde ausreichen, das umliegende Feld über die Aktivierungsenergie zu bringen und damit eine Kettenreaktion auszulösen. Beinahe so schnell, wie sich Energie und Information ausbreiten kann, würde sich jene Neueinstellung des Quantenfeldes kugelförmig mit annähernd Lichtgeschwindigkeit ausbreiten und immer mehr und mehr Energie mit sich führen. Jegliche Strukturen, die ihr dabei in den Weg kämen, seien es Galaxien, Planeten oder Atome, würden sofort desintegriert und somit vernichtet werden. Die expandierende Sphäre würde durch nichts aufgehalten werden können, da die Quelle der Energie die mit der Raumzeit (und somit auch mit dem Universum an sich) verknüpften Quantenfelder sind.

Doch selbst im Inneren der Kugel sähe es nicht wirklich besser aus. Die Eigenschaften eines Quantenfeldes korrelieren mit dem Vakuumszustand dessen; ändert man das eine, ändern sich die anderen. Die uns bekannten Naturgesetze gelten so nicht weiter, die Wechselwirkungen nehmen neue Verhältnisse ihrer Stärke zueinander an, Symmetriebrechungen könnten aufgehoben oder neue geschaffen werden. Womöglich hätte das Standardmodell ein völlig anderes Gesicht und damit auch die gesamte Physik. Es könnten sich wahrscheinlich keine neuen Atomkerne mehr bilden, ebenso wenig Elektronen an sie binden, geschweige denn, Moleküle aufbauen. Kurzum, Chemie wäre nicht mehr möglich und somit Leben wie wir es kennen.

Ob dieses Szenario in näherer Zukunft eintritt, ist noch fraglich. Doch beim Betrachten einer derartigen Theorie wird schnell klar: Die Quantenfelder sind essenziell für unsere Existenz. Längst ist noch nicht alles erforscht, eine alles beschreibende Theorie ist noch nicht entwickelt und womöglich verstecken sich in den Wirrungen des Universums noch weitere Felder und Phänomene, die unser Weltverständnis grundlegend ändern könnten. Denn seit Platon ist uns klar:

Die Welt ist meist nicht so, wie sie uns scheint.

6. Literaturverzeichnis

- Berger, Christoph: Elementarteilchenphysik, 3. Aufl., Berlin, Heidelberg: Springer Spektrum, 2014

- Ebert, Dietmar: Eichtheorien, 1. Aufl., Weinheim, Basel, Cambridge, New York, NY: VCH Verlagsgesellschaft, 1989

- Freistetter, Florian: Der Mann der alles verändert hat: Das Leben von James Clerk Maxwell, Internetseiten: http://scienceblogs.de/astrodicticum-simplex/2015/03/13/der-mann-der-alles-veraendert-hat-das-leben-von-james-clerk-maxwell/2/, http://scienceblogs.de/astrodicticum-simplex/2015/03/13/der-mann-der-alles-veraendert-hat-das-leben-von-james-clerk-maxwell/3/, erschienen am 13.3.2015, aufgerufen am 23.10.2018

- Gaßner, Josef M.: Higgsfeld, Higgsteilchen und der LHC, MP4-Datei; Mitschnitt eines Vortrages, 19.11.2014, 01:32:22

- Geiser, Achim: Ausgewählte Kapitel aus Teilchenpysik und Kosmologie, Vorlesungen zum Sommersemester 2009, Universität Hamburg, 10 Foliensätze

- Greiner, Walter | Müller, Berndt: Eichtheorie der schwachen Wechselwirkung, 2. Aufl., Thun, Frankfurt am Main: Verlag Harri Deutsch, 1995

- Krämer, Michael | Plehn, Tilman: Das Higgs-Teilchen und seine Väter, in: Physik Journal, 2013, Heftnr. 12, S. 24-28

- Lesch Harald und weitere: Die Entdeckung des Higgs-Teilchen Oder wie das Universum seine Masse bekam,1. Aufl., München: btb Verlag, 2013

- o.V. (a): Platons Höhlengleichnis, PDF-Dokument: http://dralois-dengg.at/bilder/pdf/PlatonHoehlengleichnis370.pdf, ohne Erscheinungsdatum, aufgerufen am 4.11.2018

- o.V. (b): The Nobel Prize in Physics 1979, Internetseite (als PDF gespeichert): https://www.nobelprize.org/prizes/physics/1979/press-release/, erschienen am 15.10.1979, aufgerufen am 2.11.2018

- o.V. (c): Elektroneneinfang, Internetseite: https://physik.cosmos-indirekt.de/Physik-Schule/Elektroneneinfang, ohne Erscheinungsdatum, aufgerufen am 3.11.2018

- o.V. (d): A quasi-political Explanation of the Higgs Boson; for Mr Waldegrave, UK Science Minister 1993, Internetseite:

http://www.hep.ucl.ac.uk/~djm/ihggsa.html, ohne Erscheinungsdatum, aufgerufen am 1.11.2018

- o.V. (e): J.J. Sakurai Prize for Theoretical Physics, Internetseite: https://www.aps.org/publications/apsnews/201003/sakurai-pic.cfm, erschienen im März 2010, aufgerufen am 24.10.2018

- o.V. (f): Physiker feiern Durchbruch bei der Gottesteilchen-Suche, Internetseite: http://www.spiegel.de/wissenschaft/technik/higgs-boson-cern-gibt-entdeckung-von-teilchen-am-lhc-bekannt-a-842478.html, erschienen am 4.7.2012, aufgerufen am 24.10.2018

- Pollmann, Maike | Leander, Lisa: Nobelpreis für Physik 2013, Internetseite: https://www.weltderphysik.de/gebiet/teilchen/news/2013/nobel-preis-fuer-physik-2013/, erschienen am 8.10.2013, aufgerufen am 1.11.2018

- Rafelski, Johann | Müller, Berndt: The Structured Vacuum, elektronisch Veröffentlicht: http://www.physics.arizona.edu/~rafelski/Books/StructVacuumE.pdf, Harri Deutsch Verlag, erschienen 2006, aufgerufen am 10.10.2018

- Rudolph, Dennis: Demokrit Atommodell, Internetseite: https://www.frust-frei-lernen.de/chemie/demokrit-atommodell.html, erchienen am 28.12.2017, aufgerufen am 4.11.2018

7. <u>Abbildungsverzeichnis</u>

- Cern Record a: https://cds.cern.ch/record/2160564/files/Htautau.png
- Cern Record b:
  http://cms.web.cern.ch/sites/cms.web.cern.ch/files/styles/large/pub-lic/field/image/HIG13001_Figure01.png?itok=wh--mR3M
- Ebert, Dietmar: Eichtheorien, 1. Aufl., Weinheim, Basel, Cambridge, New York, NY: VCH Verlagsgesellschaft, 1989
- physicsmasterclasses a: http://atlas.physicsmasterclasses.org/zpath_fi-les/img/highslide/feynman/Hgammagamma.png, selbst zugeschnitten
- physicsmasterclasses b: http://atlas.physicsmasterclasses.org/zpath_fi-les/img/highslide/feynman/Higgs4l.png, selbst zugeschnitten
- Uni-Zürich: https://wiki.physik.uzh.ch/cms/_media/latex:hh_bbww_de-cay.png?w=400&tok=cfa6ca, selbst zugeschnitten

BEI GRIN MACHT SICH IHR WISSEN BEZAHLT

- Wir veröffentlichen Ihre Hausarbeit, Bachelor- und Masterarbeit

- Ihr eigenes eBook und Buch - weltweit in allen wichtigen Shops

- Verdienen Sie an jedem Verkauf

Jetzt bei www.GRIN.com hochladen und kostenlos publizieren